小朋友，你知道它们叫什么名字吗？
赶紧在文中找找看吧！

"植物剧场"丛书

木兰花开

贵阳市顺海国有林场　组织编写

中国林业出版社
China Forestry Publishing House

图书在版编目（CIP）数据

木兰花开 / 贵阳市顺海国有林场组织编写. -- 北京：
中国林业出版社, 2025. 7. --（"植物剧场"丛书）.
ISBN 978-7-5219-3322-2

Ⅰ. Q94-49
中国国家版本馆CIP数据核字第2025U04M86号

编辑委员会

主　　编：甘丹

副 主 编：龙沛村

编　　委：谢欣海　张露苡　杨细妹　赖文广　陈一漩　毛林鲜

撰　　文：陈显南　余文勇

插　　画：彭颖颖　胡先清

策划编辑：肖静

责任编辑：肖静　刘煜

装帧设计：北京锋尚制版有限公司

————————————

出版发行：中国林业出版社

　　　　（100009，北京市西城区刘海胡同 7 号，电话 83143577）

电子邮箱：cfphzbs@163.com

网址：https://www.cfph.net

印刷：北京雅昌艺术印刷有限公司

版次：2025 年 7 月第 1 版

印次：2025 年 7 月第 1 次印刷

开本：889mm×1194mm　1/16

印张：3.5

字数：20 千字

定价：50.00 元

前　言

　　亲爱的小朋友，你有没有在春天的公园里，发现过那些悄悄绽放的花朵？它们像害羞的小精灵，躲在枝头，等待着好奇的眼睛来探索。

　　这个故事发生在一个温暖的春日，小男孩关关牵着爷爷的手走进了贵阳市鹿冲关森林公园。爷爷是一位植物学专家，他的脑中装满了关于花朵的奇妙知识。这一次，他们的目光被公园里树枝上毛茸茸的"毛毛虫"吸引住了……

　　"爷爷，这棵树上有毛毛虫！"关关瞪大了眼睛。

　　爷爷笑着说："那是玉兰花的芽鳞，是保护花芽的'毛外套'呢！"

　　从这一刻起，关关和爷爷的玉兰花观察开始了。他们发现了望春玉兰早早报春的秘密，了解了白玉兰和二乔玉兰的不同，还看到紫玉兰像小灯笼一样挂在枝头。

　　你知道吗？玉兰花不仅是春天的信使，它们还能变成美味的食物，或是治愈疾病的良药。关关在爷爷的带领下，像小侦探一样，用眼睛观察、用小手触摸、用心灵提问。而你，也可以像关关一样，翻开这本书，走进玉兰的世界。

　　春天已经来了，枝头的玉兰花正轻轻摇晃，仿佛在说："快来呀，这里有许多秘密等着你发现！"

　　准备好了吗？让我们一起踏上这趟充满花香与知识的旅程吧！

贵阳市顺海国有林场

2025年6月

人物介绍

关关

6岁小男孩。平时特别喜欢看各种植物的书籍和纪录片，在爷爷的指导下，了解了很多植物知识。

爷爷

一名退休的植物学专家。经常用生动有趣的方式带关关了解神奇的植物知识。

雪化了，春天来了！
爷爷带着关关走在初春的鹿冲关森林公园里，
有几只山雀飞来飞去，路边的玉兰树还未开花。

"毛毛虫！毛毛虫！爷爷快看！这就是书上说的玉兰树上的毛毛虫，我们找到了！"关关兴奋地欢呼着。

"关关，你还记得毛毛虫是什么吗？"爷爷微笑着看向关关。

"我知道！玉兰树上的毛毛虫其实叫芽鳞，它是玉兰花冬天穿的毛茸茸的大衣，里面保护的可是花芽宝宝呢。"这可难不倒关关，一整个冬天里关关已经看了好几本关于玉兰的书。

"那你知不知道花芽宝宝什么时候开花呢？"爷爷问。
关关歪着头想了想，说："春天？"

"鹿冲关森林公园里的玉兰呀，三月初就会陆续开花。等开花的时候，咱们再来看看，好不好？"爷爷和蔼地问道。

关关点点头："爷爷，咱们拉钩，等花开了，您一定再带我来。"

紫玉兰的生长阶段

11月至来年2月 冬芽

"芽鳞小卫士"游戏

准备的材料：毛绒布或棉花、小石子。

方法：用毛绒布或棉花包住一颗小石子，模拟芽鳞保护花芽宝宝，然后吹一口气。和关关比赛，看谁的"花芽"裹得最厚实。

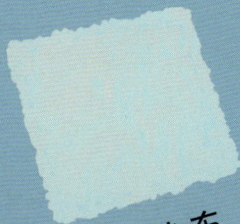

毛绒布

棉花

小石子

小朋友，现在请你从1数到5，然后吹一口气，玉兰花就能马上开了。

1，2，3，4，5，呼……

玉兰家族里，最早开花的叫望春玉兰。

"爷爷，望春玉兰的花瓣和书上写的一样，花瓣外面的底部有一点点粉色，里面都是白色。"

"关关看书很仔细哦，那你还记不记得书上说过，由于玉兰花的花瓣和萼片没有明显的区分，我们把它们都叫作什么呀?"爷爷给关关提出了一个问题。

"让我想想，是叫作花被片吧!"
"关关真棒!"爷爷露出了欣慰的笑容。

小贴士

花被是花萼和花冠的总称，其中的每一片都被称为花被片。根据形态和作用的不同，可以将花被分为内、外两部分，内轮被称为花冠，其中的每一片都被称为花瓣；外轮被称为花萼，其中的每一片都被称为萼片。

紫玉兰的生长阶段

3—4月 花苞膨大，叶子也长出来

花被片认知挑战

请给望春玉兰的花瓣涂色，
完成后给爸爸妈妈展示你的
科学观察成果吧！

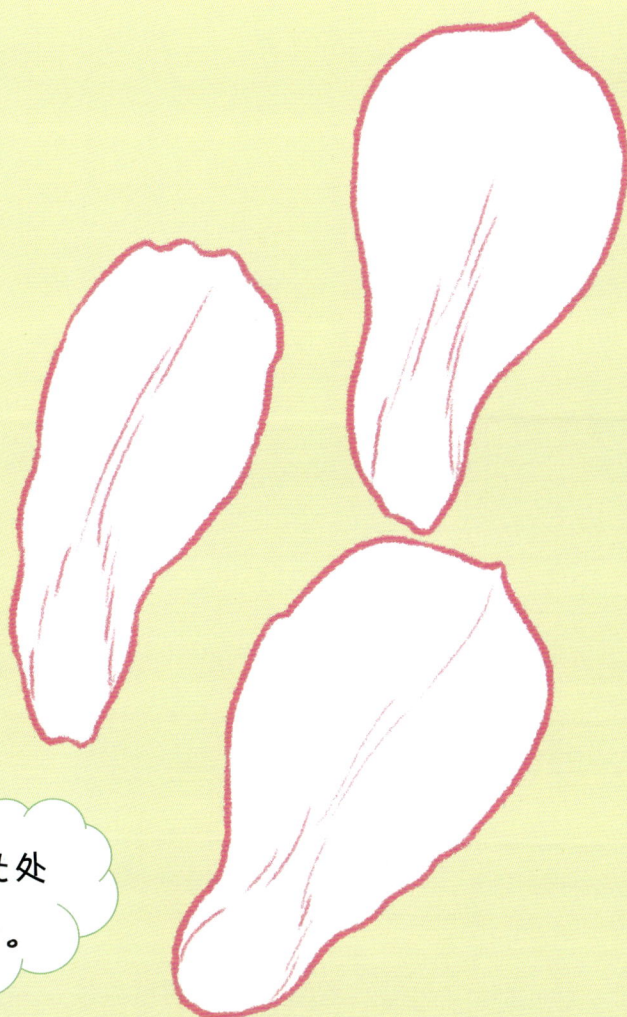

请在此处
涂色。

才过了几周，鹿冲关森林公园主路上的部分玉兰已经盛开。

"爷爷，白玉兰的花被片真白呀，而且它还有一股淡淡的清香。"

说完，关关便蹲下身，玩起地上掉落的花被片。

"关关，你仔细数一数，白玉兰有几片花被片？"

"1，2，3，4，5，6，7，8，9，有9片！"

"关关数数也很厉害呀。那你知道望春玉兰的花被片有几片吗？"爷爷问。

"嗯……是6片？9片？"

"其实，望春玉兰也有9片花被片，但是它最外层的3片已经变得很小，有时候我们会看不见它们。"爷爷解释道。

关关听后，若有所思地点点头。

文澜院

  文澜院坐落于贵阳市鹿冲关森林公园内，是一座以抗战时期守护《四库全书》历史为背景建造的园林式文化建筑群。其占地面积约1300平方米，由地母洞藏书库遗址、文澜院主体建筑、"西迁故事线"艺术石雕及晒书台青铜雕塑群四部分构成，既是中华文脉守护的见证地，又是贵州省爱国主义教育、自然科普与生态文化传播的核心阵地。

爷爷带着关关沿着公园主路来到了文澜院附近。
"爷爷，您瞧，这种玉兰花又有白色又有淡紫
色，是不是叫紫玉兰？"关关指着眼前的玉兰花问道。

17

爷爷耐心地给关关解释："这叫二乔玉兰，它是白玉兰和紫玉兰的杂交，就像你画画的时候，用白色和紫色，就会混合成淡紫色，但是它的花被片内部可是白色的哦。"

关关仔细看了看，点点头："爷爷，花瓣里真的是白色的呢。"

"走，爷爷再带你去认识紫玉兰。"

爷爷带着关关走到文澜院附近的木兰自然教育径。

"爷爷，这一定是紫玉兰。"关关指着眼前的紫色玉兰花兴奋地对爷爷说。

"关关真厉害，这个就是紫玉兰，它的花瓣头端尖尖的，盛开的时候，有点像荷花，最明显的特征是花瓣外部是紫红色，内部是淡紫色。"爷爷介绍道。

"关关，你还想去看更多的玉兰吗？"

"想！爷爷，你给我的画册上还有好多玉兰的介绍，我要看它们真实的样子。"

原来，爷爷给关关制作了一本关于玉兰的画册，关关特别喜欢，每次爬山都会带上。

"好！跟着爷爷去找找看。"于是，爷爷领着关关走进木兰自然教育径的深处，里面有更多不一样的玉兰等着他们发现。

"爷爷，这里的玉兰种类可真多！"

"你翻开手里的画册，看看能不能都找到。"

紫玉兰 *Yulania liliiflora*

俗名：木笔、辛夷。

紫玉兰是落叶灌木，树高达3米，常丛生，树皮灰褐色，小枝绿紫色或淡褐紫色。叶椭圆状倒卵形或倒卵形。花蕾卵圆形，被淡黄色绢毛；花叶同时开放，瓶形，直立于粗壮、被毛的花梗上，稍有香气；花被片9～12片。聚合果深紫褐色，变褐色，圆柱形。生于海拔300～1600米的山坡林缘。花期3—4月，果期8—9月。树皮、叶、花蕾均可入药。

紫玉兰与玉兰同为我国具有两千多年历史的传统花卉，花色艳丽，享誉中外。

玉兰 *Yulania denudata*

俗名：应春花、白玉兰、望春花、迎春花、玉堂春、木兰。

落叶乔木，高达25米，枝广展形成宽阔的树冠。树皮深灰色，粗糙开裂。小枝稍粗壮，灰褐色。冬芽及花梗密被淡灰黄色长绢毛。叶纸质，倒卵形。花先叶开放，花被片9片，白色，基部常带粉红色。聚合果圆柱形。花期2—3月（亦常于7—9月再开一次花），果期8—9月。花蕾入药与"辛夷"功效类似；花含芳香油，可提取用于配制香精或制浸膏；花被片可以食用。

早春白花满树，艳丽芳香，为驰名中外的庭园观赏树种。

望春玉兰 *Yulania biondii*
俗名：望春花、迎春树、辛兰。
落叶乔木，高可达12米。树皮淡灰色，光滑。小枝细长，灰绿色，直径3～4毫米，无毛。叶椭圆状披针形、卵状披针形。花先叶开放，花被片9片，外面基部常紫红色，内部白色，有香味。聚合果圆柱形，长8～14厘米，常因部分不育而扭曲。
本种是优良的庭园绿化树种；经考证，是中药辛夷的正品。

二乔玉兰 *Yulania×soulangeana*
俗名：杂交玉兰。
小乔木，高6～10米。小枝无毛。叶纸质，倒卵形。花蕾卵圆形，花先叶开放，花被片6～9片。聚合果长约8厘米，直径约3厘米；蓇葖卵圆形或倒卵圆形，长1～1.5厘米，熟时黑色，具白色皮孔；种子深褐色，宽倒卵圆形或倒卵圆形，侧扁。花期2—3月，果期9—10月。
本种是玉兰与紫玉兰的杂交种。

荷花木兰 *Magnolia grandiflora*
俗名：广玉兰、洋玉兰、荷花玉兰。
常绿乔木，在原产地北美洲高可达30米。树皮淡褐色或灰色，薄鳞片状开裂。小枝粗壮，具横隔的髓心。小枝、芽、叶下面、叶柄均密被褐色或灰褐色短茸毛。叶厚革质，长圆状椭圆形或倒卵状椭圆形。花白色，有芳香，花被片9～12片，厚肉质，倒卵形。聚合果圆柱状长圆形或卵圆形。花期5—6月，果期9—10月。
本种为美丽的庭院绿化观赏树种。

黄缅桂 *Michelia champaca*

俗名：黄桷兰、黄玉兰、飞黄玉兰、瞻波伽、占波、黄葛兰。

常绿乔木，高达10余米。枝斜上展，呈狭伞形树冠。芽、嫩枝、嫩叶和叶柄均被淡黄色的平伏柔毛。叶薄革质，披针状卵形或披针状长椭圆形。花黄色，极香，花被片15～20片，倒披针形。聚合果长7～15厘米；蓇葖果倒卵状长圆形，种子2～4枚，有皱纹。花期6—7月，果期9—10月。

花可供提取芳香油或熏茶，也可浸膏入药。花芳香浓郁，树形美丽，本种为著名的观赏树种；对有毒气体抗性较强。

走在鹿冲关森林公园木兰自然教育径的玉兰种植区域内，关关不解地问："爷爷，为什么总会听到别人一会儿说这是玉兰，一会儿又说这是木兰呢？"

　　爷爷思考了一下，说："爷爷给你打个比方，木兰是一个大家族，紫玉兰、白玉兰、望春玉兰、二乔玉兰是这个家族里的小家庭，大家都和睦相处。你可以叫玉兰为木兰，但是木兰却不是玉兰的特指，而是很多种植物的统称。"

　　我们把木兰科所有的植物都简称木兰。木兰科植物是植物学界瞩目的原始被子植物，是我国古老的孑（jié）遗（yí）物种，现今主要分布于亚洲热带和亚热带地区，少数在北美南部和中美洲地区。木兰科植物为落叶或常绿的乔木或灌木，树皮、叶和花有香气，单叶互生，托叶大，脱落后留存枝上有环状托叶痕。

　　全世界的木兰科植物达240余种。其中，中国有木兰科植物160多种，是木兰植物资源最丰富、观赏类群最多的国家，是著名的"木兰王国"。据调查，我国贵州省内就有44种木兰科的植物。

3—4月 花苞膨大，花朵开始绽放

辛夷三年生长阶段

数数大比拼

关关发现了白玉兰有9片花被片。

小朋友，你能在本页的白玉兰插图中快速找到所有花被片吗？

和爸爸妈妈比赛，看谁数得又快又准！

1

2

3

4

5

6

7

8

9

"爷爷，大多数植物先有叶子再有花，有的植物是花和叶子同时开放，可是玉兰没有叶子也能开花，好奇怪哟。"关关歪着头不解地说。

小朋友，你有仔细观察过玉兰吗？它是先长叶子才开花，还是先开花再长叶子呢？和爸爸妈妈先思考一下吧。

"这说明，玉兰非常聪明！大多数的玉兰先开花后长叶，这是因为先开花，能吸引更多的蜜蜂来传粉；传粉和授粉早，果实也长得早，更有利于繁殖后代。

"另外一个原因在于玉兰的花芽与叶芽是分开的。玉兰的花芽大，生长在枝顶，在低温下即可开花，因此在头年的冬季就可以在枝头看见它，等到春天稍暖和的时候，花芽就逐渐长大起来而开花；但对叶芽来说，这种气温还是太低，没有满足它生长的需要，因而仍然潜伏着，没有长大，随着温度逐渐升高，到了满足它生长需要的时候，叶芽才慢慢长大。因此，玉兰就形成先开花后长叶的现象。"

小朋友，有没有不是先开花后长叶的玉兰呢？请闭上眼睛，
小声地倒数5下，5，4，3，2，1。

紫玉兰的生长阶段

5月末 花朵凋谢

7月 结出果实

9月 来年的芽开始生长

10月 果壳裂开，种子露出，悬挂在一根白丝上

色彩实验

准备水彩笔，在空白处用白色和紫色混合出"二乔玉兰"的淡紫色，然后给二乔玉兰穿上淡紫色的"外衣"吧！

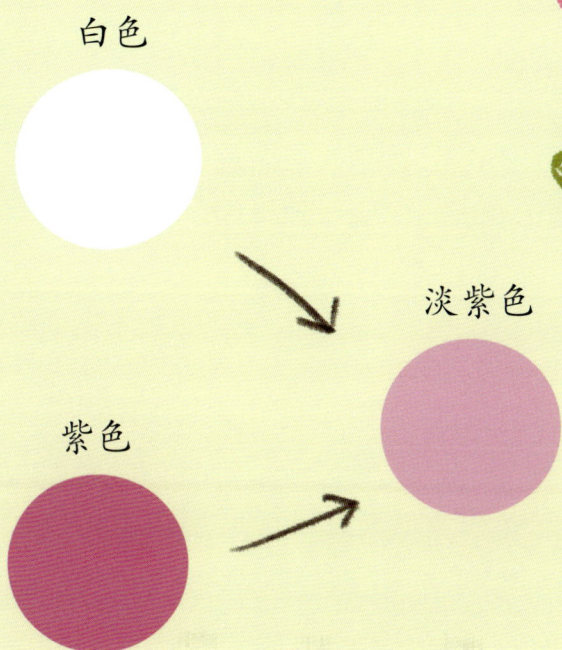

白色

紫色

淡紫色

一转眼，就来到了5月。

"爷爷，这棵植物的叶子摸着
好厚，花朵好大好白，像荷花一样，
闻着还有淡淡的香味呢。"关关和爷爷走在
木兰园里，发现一棵特别的植物。

"这叫荷花木兰，也叫广玉兰。你瞧它的叶子不仅厚，还是椭圆形的，一
年四季都是绿叶，和其他木兰不同，它可不是'先花后叶'。它是一种常绿植
物。"爷爷停顿了一下，继续说，"紫玉兰也不是先花后叶，它是花叶同时开放。"

"木兰家族的花，都好特别呀。"

关关和爷爷又走了几步，发现有一棵花朵都是黄色的树。

"爷爷，这棵也是玉兰吗？"

"你先闻闻。"爷爷让关关用鼻子闻一下花的味道。

"有一种甜甜的香气呢。"

"是的。这是黄缅桂，俗称黄玉兰，这种植物的香味萃取后，可以制作成精油，大家都很喜欢这味道。你再仔细看看它的花被片。"

关关顺着爷爷指的方向，仔细看了看。

"花被片是淡黄色的，和其他的玉兰花不一样。"

爷爷点点头："黄玉兰的花被片很厚实，又很柔滑。它可是珍贵的品种哟。"

小朋友，你知道玉兰的"丑丑的果子"吗？
赶快翻开下一页找答案吧！

10月，天气逐渐转凉。周末一早，关关和爷爷来到鹿冲关森林公园找一种"丑丑的果子"。

"爷爷，这里有丑丑的果子！"刚走到一棵玉兰树前，关关就兴奋地尖叫起来。红彤彤的果子挂在树上，走近一看，长得奇形怪状。

"地上还有成熟的果子。"爷爷弯着腰指给关关看，关关赶紧上前把掉在地上的果子捡起来。

"爷爷，这个和我在书上看到的一模一样，成熟后的果皮会炸开，里面橙黄色的是种子。"说完，关关晃动了一下玉兰的果子。

"爷爷，您看，橙黄色的种子也和书上写的一样，不会掉下来，因为它有'丝线'吊着，好好玩呀！"

"为什么玉兰的果子这样奇形怪状呢？"爷爷问关关。

"因为有的玉兰植物开花授粉成功，有的授粉失败。授粉成功后就会结种子，没授粉成功的就不会结种子，而成功的看起来就是鼓鼓的，所以整个果实看起来就会呈现不对称弯曲的样子。"

"关关现在都可以称得上玉兰小专家了。爷爷来考考你，玉兰可不可以吃呢？"

小朋友，先不要着急翻页，你也转动小脑袋，想一想玉兰花可以吃吗。

41

关关并不知道玉兰到底能不能吃。爷爷笑着说："其实，玉兰是可以食用的。

"明代有个人叫王象晋，他在《二如亭群芳谱》这本书中介绍了油煎玉兰花的吃法：'玉兰花馔——花瓣洗净，拖面，麻油煎食最美。'具体我们怎么操作呢？

"把玉兰花花瓣洗净，沥干水分。将鸡蛋液打散，加入少量面粉，均匀搅拌成蛋糊，也可以根据口味加入少量食盐、白糖等，玉兰花瓣挂上蛋糊后入油锅，慢火温油炸。在炸制过程中花瓣会膨胀，要注意防止爆开溅油。花瓣炸至金黄，沥干油即可食用。"

爷爷继续说道："玉兰除了可以吃，也有药用价值。古时候，玉兰花的花蕾入药，叫作辛夷。它可以用来治疗热性或寒性鼻渊导致的头痛、鼻塞等疾病；但是辛夷应该在医生指导下使用，我们可不能自行使用。"

关关听后，赶忙点头。

懷澄

"其实，古人也特别喜欢玉兰花，关于玉兰的诗还挺多的。"

《辛夷坞》

［唐］王维

木末芙蓉花，山中发红萼。

涧户寂无人，纷纷开且落。

这首诗描绘了辛夷花美好形象的同时，又写出了一种落寞的景况和环境。

《玉兰花》

［明］文徵明

绰约新妆玉有辉，素娥千队雪成围。

我知姑射真仙子，天遣霓裳试羽衣。

影落空阶初月冷，香生别院晚风微。

玉环飞燕元相敌，笑比江梅不恨肥。

这首诗是80岁的文徵明在家中庭院闲来无事，忽然看到亲手种植的白玉兰开花了，特别高兴，于是吟成此诗。

"爷爷，为什么古人这么喜欢玉兰花呢？"关关好奇地问。

"因为玉兰花是中国传统四大名花之一，也被称为花中君子，象征纯洁的爱、真挚的情感、高尚的品格，所以很多文人特别喜欢它，愿意为它写很多诗词。"

"我以后也要写一首关于玉兰的诗！"

午饭时间到了，关关和爷爷准备下山了。

"爷爷，我要把今天找到的丑果子拿到班里去，分享给我的同学们看，向他们介绍这是玉兰的果子，还要给他们介绍好多关于玉兰的知识。"

"等下一次，爷爷再给你介绍其他的植物，你又可以向同学们分享了。"

关关点点头，牵着爷爷的手回家了。

回家后，关关在爷爷的帮助下，
画了一张紫玉兰生长图鉴，
还受到了老师和同学的表扬呢！

叶芽

2月

花芽被毛茸茸的
芽鳞包裹叶芽。

雌蕊

雄蕊

4月

花芽膨大。

5月

花朵开始凋谢，
能看到许多的
雌蕊和雄蕊。

| 1月 | 2月 | 3月 | 4月 | 5月 | 6月 |

3月

早春，花尖露出。

4月

开花。

9月
来年的花芽开始生长。

7月　　　　8月　　　　9月　　　　10月　　　　11月　　　　12月

7月
结出果实。

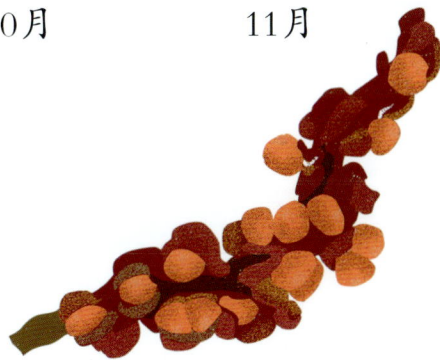

10月
果壳裂开，种子露出。

9月
果实不断生长，外形也在不断改变。

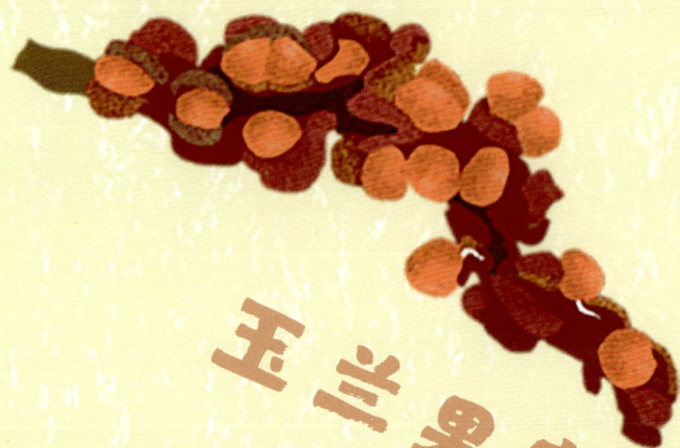

玉兰果实

紫玉兰

望春玉兰

玉兰叶

玉兰